LA TERRE SARA
TERRE TCHADIENNE

COLLECTION ALTERNATIVES PAYSANNES
dirigée par Dominique Desjeux
Sociologue à l'Ecole Supérieure d'Agriculture d'Angers

Collection Alternatives Paysannes

Bernard BARTHÉLÉMY, *Chipko. Sauver les forêts de l'Himalaya.* 144 pages, 22 gravures hors-texte.

Denys CUCHE, *Pérou nègre.* Les descendants d'esclaves africains au Pérou des grands domaines esclavagistes aux plantations modernes. 192 pages.

INSTITUT PANAFRICAIN POUR LE DÉVELOPPEMENT, sous la direction de F. de Ravignan et B. Lizet. *Comprendre une économie rurale.* 152 pages.

Jean PAVAGEAU, *Jeunes paysans sans terres.* L'exemple malgache. 208 pages.

Jean-Luc POGET, *Le beefsteack de soja : une solution au problème alimentaire mondial ?* 168 pages.

Les sillons de la faim. Textes rassemblés par le Groupe de la Déclaration de Rome et présentés par Jacques Berthelot et François de Ravignan. 255 pages.

Jean-Paul BILLAUD, *Marais poitevin. Rencontres de la terre et de l'eau.*

Rémi MANGEARD, *Paysans africains. Des Africains s'unissent pour améliorer leur village au Togo.*

Philippe BERNARDET, *Association agriculture-élevage en Afrique.* 240 pages.

François BESLAY, *Les Réguibats. De la paix française au Front Polisario.* 192 pages.

Adrian ADAMS, *La Terre et les gens du fleuve,* Jalons, balises. 244 pages.

Anne-Marie HOCHET, *Les Paysans, ces ignorants efficaces.* 176 p.

Jean-Pierre DARRÉ, *La Parole et la technique. L'univers de pensée des éleveurs du Ternois.* 200 pages.

Pierre VALLIN, *Paysans rouges du Limousin.* 366 pages.

Dominique DESJEUX, *L'Eau. Quels enjeux pour les sociétés rurales ?* 222 pages.

Jean-Claude GUESDON, *Parlons vaches... Lait et viande en France. Aspects économiques et régionaux.* 156 pages.

David SHERIDAN, *L'Irrigation. Promesses et dangers. L'eau contre la faim ?* 160 pages.

Nicole EIZNER, *Les Paradoxes de l'agriculture française.* 160 p.

A. CADORET, *Protection de la nature.* Histoire et idéologie. 256 p.

Jean CLÉMENT, Sylvain STRASFOGEL, *Disparition de la forêt.* Quelles solutions à la crise du bois de feu ? 192 pages.

Jean-Pierre MAGNANT
Maître-assistant au Centre d'Etudes d'Afrique Noire
(Bordeaux I)
en coopération à l'Université du Tchad

LA TERRE SARA
TERRE TCHADIENNE

Editions L'Harmattan
5-7, rue de l'Ecole-Polytechnique
75005 Paris

ISBN 2-85802-691-2
ISSN 0757-8091

à Emmanuel Moundo Ndimadjibaye,
mon frère sara qui lisait trop
« Le Canard Enchaîné ».

« Les sociétés humaines... sont des êtres vivants, qui ne durent et ne gardent leur identité qu'à condition de se modifier profondément. En réalité, la cité grecque, tout en conservant l'institution familiale, n'a pu grandir qu'à ses dépens. Elle a dû faire appel, dans le groupe primordial, aux énergies individuelles qu'il comprenait. La cité a dû longtemps lutter contre le génos, et chacune de ses victoires a été obtenue par la suppression d'une servitude patriarcale. Nous apercevons ainsi la grande erreur de Fustel de Coulanges. Conformément à la théorie qui dominait dans l'école libérale du XIXe *siècle, il a établi une antinomie absolue entre l'omnipotence de la cité et la liberté individuelle, quand c'est, au contraire, d'un pas égal et s'appuyant l'une sur l'autre qu'ont progressé la puissance publique et l'individualisme. »*

Gustave GLOTZ
La cité grecque
Albin Michel, 1968, p. 13.

REMARQUES PRÉLIMINAIRES

L'écriture des mots tirés des langues africaines ne saurait être rendue scientifiquement que dans un alphabet du type de celui utilisé par les linguistes du CNRS. Mais l'utilisation de cet alphabet rend souvent la lecture du texte plus compliquée pour le lecteur peu familiarisé à ce mode de transcription. L'adoption de cet alphabet n'aurait guère apporté à notre texte.

De nombreux mots ont une orthographe francisée, qu'il s'agisse de noms de lieux ou de personnes. Par contre, pour les mots qui n'ont pas d'orthographe francisée définitivement établie, noms d'ethnies, termes techniques du vocabulaire des institutions ou du droit, nous utiliserons une orthographe simplifiée :

— e : se prononce toujours comme dans « retour ».
— g : est toujours dur comme dans « gare ».
— h : est toujours aspiré.
— j : est prononcé « dj » comme dans l'anglais « John ».
— o : se prononce comme en français ; son redoublement ne fait que l'allonger : ainsi, « loo » se prononcera comme dans « Waterloo ».
— r : est toujours roulé au Tchad.
— s : même non doublé est toujours dur comme dans le français « savon ».
— u : se prononce « ou ».
— w : se prononce comme en anglais, jamais comme en allemand.
— y : est l'équivalent à ï comme dans « aïe » !

Certains mots seront retranscrits en utilisant les signes :
— gh : pour un « r » fortement grasseyé et guttural.
— kh : comme dans « Khrouchtchov ».
— q : est un « k » provenant du fond de la gorge.

Nous n'avons pas cherché à rendre les tons, ni les consonnes glottalisées, ni les voyelles nasales.

Tous les termes techniques empruntés aux langues tchadiennes sont placés entre guillemets et sont toujours au singulier.

Les noms d'ethnies sont écrits sans majuscules ni guillemets et sont toujours au singulier eux aussi, à l'exception de « fulbé », pluriel de « peul » (francisation du terme fulfuldé « pullo ») et « tuaregh », pluriel de « targi ».

Néanmoins, dans les citations que nous serons amenés à faire, nous respecterons l'orthographe utilisée par l'auteur cité.

Enfin nous avons utilisé certains sigles et abréviations ; le sens en est explicité dans le texte, mais on le donnera dès à présent :

— BDT : Banque de Développement du Tchad.
— BDPA : Bureau pour le Développement de la Production Agricole.
— CFCO : Chemin de Fer Congo-Océan.
— CFPA : Centre de Formation Professionnelle Agricole.
— FROLINAT : FROnt de LIbération NAtionale du Tchad.
— MNRCS : Mouvement National pour la Révolution Culturelle et Sociale.
— ONDR : Office National de Développement Rural.
— PPT-RDA : Parti Progressiste Tchadien - Rassemblement Démocratique Africain.
— SMA : Secteur de Modernisation Agricole.

AVANT-PROPOS

De nombreux auteurs se sont penchés sur la guerre du Tchad, chacun apportant des informations et des analyses en vue de l'expliquer. J'ai aussi participé à cette production littéraire et aux controverses qui divisent entre eux ceux dont le cœur est resté au Tchad. Je ne reviendrais pas ici sur ces controverses si la terre sara, qui, dans l'ensemble, avait connu la paix jusqu'en 1982, n'était, à son tour, le théâtre d'affrontements sanglants.

La question qui se pose alors est de savoir jusqu'où, dans le passé, plongent les racines du conflit et quelles en sont les causes.

Contrairement à beaucoup d'auteurs français, mais avec l'approbation de nombre de mes amis du Tchad, de quelle que région qu'ils soient originaires, j'affirme que le conflit actuel ne peut pas s'expliquer par l'Histoire d'avant 1960, sauf pour ce qui est de la rivalité entre arabes et daza, et encore...

Jamais, dans l'Histoire, les populations sara (et, plus généralement, les méridionaux) n'ont été en contact avec les nomades du Nord du pays. Le conflit Nord-Sud est postérieur à l'Indépendance et s'est longtemps limité aux affrontements entre intellectuels des villes soutenus par les déclassés, les chômeurs et les laissés pour compte du sous-développement.

Jamais la guerre civile (si tant est que cela ait été une guerre « civile », puisque la population n'a pratiquement pas participé aux combats) n'a été une guerre ethnique au sens où on pourrait le dire du conflit entre cinghalais et tamoul. Depuis 1960, je ne connais que trois pogroms qui aient eu une réelle participation populaire : les émeutes anti-sara de Bongor en 1978 qui opposèrent des « sudistes » entre eux, les massacres et contre-massacres de musulmans et de méridionaux à N'Djaména en février 1979 et, au même moment, la tuerie de Sarh qui mit aux prises sara et non-sara.

En dehors de ces trois cas, dont tout porte à croire qu'ils furent la conséquence de provocations, tous les massacres qui ont eu lieu ont été le fait de minorités extrémistes qui, parfois, bénéficièrent de la passivité de la population locale, encore que ce fut rarement le cas : beaucoup plus souvent, les petites gens tentèrent d'empêcher les tueries. Ainsi, c'est à la suite d'un parjure à l'égard du chef de canton de Moïssala que les troupes du colonel Kamougué purent massacrer les musulmans de la ville. Ailleurs, les exemples ne se comptent pas de paysans qui aidèrent les gens menacés à fuir, qu'il s'agisse d'administrateurs méridionaux dans les zones septentrionales ou de commerçants musulmans sur la rive gauche du Chari.

Non ! Les paysans tchadiens n'ont jamais participé à des massacres de civils ! La « guerre civile » est le fait de minorités de jeunes laissés pour compte de l'urbanisation et de la modernisation qui vivaient avant 1979 à la limite de la délinquance et qui furent armés, manipulés et dirigés par des intellectuels dont bien peu ont été capables de présenter un programme politique cohérent.

Rien, au cours des quatre années que j'ai passées au contact des sara de 1975 à 1978, ne laissait prévoir que ces populations entreraient dans la guerre civile pour défendre des intérêts particuliers et, de fait, en 1985, il s'avère que ces populations subissent plus qu'elles ne les soutiennent les troupes gouvernementales ou les commandos de maquisards qui s'affrontent sur leurs champs de mil ou brûlent leurs villages, leurs greniers et leurs lieux de culte, organisant représailles et contre-représailles chez les paysans.

Comme la plupart de ses frères tchadiens, nomades ou sédentaires, l'agriculteur sara est la victime d'une guerre qu'il n'a jamais voulue et qu'il ne veut toujours pas. Pourtant, cette guerre est là et tout laisse présager qu'elle se poursuivra encore au moins jusqu'en 1986.

Les lignes qui suivent ne sont donc pas, car elles ne peuvent pas être, une contribution à l'étude de la guerre civile tchadienne : elles ne sont qu'un témoignage de ce qui, de nos jours, apparaît comme un Age d'Or.

Elles témoignent de cette époque où, un soir de juillet 1975, alors que les deux commerçants musulmans se tournaient vers La Mecque pour la prière, les jeunes initiées sortaient de brousse et fêtaient leur réinsertion sociale à moins de dix mètres de là, sur la place de Maïngama.

Elles témoignent de cette époque où, après cinq mois de dur labeur quotidien, le paysan avait la fierté de montrer ses greniers remplis et pouvait sans crainte se rendre au marché du canton rencontrer ses amis autour d'une calebasse de bière de mil.

Elles témoignent de cette époque où le cultivateur pouvait se procurer un attelage et du matériel pour améliorer sa production.

Elles témoignent de l'époque où résonnait le chant du tam-tam et du balafon, rythmant les danses des jeunes, tandis que les vieux se rappelaient les légendes de leurs pères.

Elles veulent, enfin, être le témoignage de ce qui sera à nouveau possible, lorsque, la paix revenue, tout le Tchad, d'Aozou à Mbaïssaye, pourra se remettre pleinement au travail.

Mais ces lignes n'auraient pas été écrites sans le concours, la contribution et les encouragements de nombreuses personnes.

Au premier rang de ceux à qui cette étude doit son existence, il me faut remercier Marie-France et Christian Bouquet, amis des bons et des mauvais jours, qui guidèrent mes premiers pas dans les recherches que j'entrepris sur leurs conseils.

Le « Tchad de sable et d'or » ne livre ses richesses qu'à ceux qui l'aiment et cherchent à le découvrir. M. Bernard Lanne m'a appris à l'aimer, les élèves de l'ENA et les étudiants de l'Université m'ont aidé à le pénétrer : sans la passion de l'un ni la complicité des autres, mes travaux seraient sans doute restés bien fades. La longue liste citée en bibliographie des contributions d'étudiants tchadiens à mes recherches montre que, si j'ai pu parvenir au moindre résultat intéressant, c'est à eux que je le dois pour beaucoup.

Abordant le sol africain sans aucune préparation scientifique particulière, je suis redevable à tous les collègues enseignants et chercheurs ainsi qu'aux amis tchadiens qui critiquèrent mes méthodes de travail et mes résultats : une liste exhaustive de tous ceux qui m'aidèrent est difficile à établir, mais je ne puis oublier les contributions de Jean Boulègue, de Pascal Boyeldieu, de Colette et Serge Coelo, de Christian Décobert, des R.P. Fédry et Fortier, de Jacques Feuillère, de M. Kladjim, du doyen Laumaï ge Boukar Sélim, d'Emmanuel Moundo Ndimadjibaye, de Daniel Mignot, de Josette Rivallain et de Pierre Vidal parmi celles des chercheurs en Archéologie, en Economie, en Histoire, en Géographie, en Linguistique et en Droit qui travaillèrent sur l'Afrique centrale.

Alors que je rédige ces lignes, je ne puis manquer de témoigner de ma gratitude à tous ceux sans lesquels ce travail aurait été rendu beaucoup plus difficile et qui, hôtes et hôtesses de quelques heures, de quelques jours ou de quelques semaines, me prodiguèrent si généreusement leur hospitalité : ministres, députés, préfets, sous-préfets, sultans, grands prêtres des cultes traditionnels, chefs, missionnaires, mais aussi agriculteurs, éleveurs, pêcheurs, chauffeurs de l'Université ou interprètes. S'il est impossible ici de citer tous leurs noms, que tous sachent que leur accueil reste inoubliable.

Enfin, ces lignes n'auraient pas été écrites si les professeurs Xavier Blanc-Jouvan et Gérard Conac ainsi que M. Raymond Verdier ne m'avaient constamment exorté à rédiger les résultats de mes observations. Confiants plus que moi-même en l'intérêt de mes recherches, ils ne furent avares ni de conseils, ni d'encouragements. Respectueux de la liberté du chercheur, ils surent me faire profiter de leur expérience sans jamais chercher à m'imposer leurs vues. En ce sens, ils furent mes maîtres.

N'Djaména, le 8 octobre 1985

Chapitre premier

LES SARA

Le mot « sara » est un cas de la déclinaison du mot « sar » : il désigne, théoriquement, les populations vivant autour de Koumra, de Djoli, de Bédaya, de Sarh et de Koumogo (cf. cartes n° 2 et 3). Ces populations sont souvent appelées « sara-madjingaye » : ceci signifie « sara-très-bien », sans doute parce qu'un paysan, interrogé un jour par un Français qui lui demandait le nom de sa tribu, ne comprenant pas la question et craignant de déplaire, a répondu : « très bien » (« maji ngay »).

La colonisation a donné au mot sara une signification beaucoup plus large[1] : on appelait « sara » toutes les populations du Tchad situées au sud d'une ligne Bongor–Bousso (cf. carte n° 1). Ce terme prit encore plus d'extension lorsqu'on recruta au Tchad des tirailleurs « sénégalais » : désormais, tous les soldats du nord de l'AEF étaient des « sara » !

Quant à nous, nous utiliserons ce terme dans son sens linguistique. On distingue, dans la grande famille « Chari-Nil » des langues africaines, au sein de l'ensemble « Soudan central », un groupe « sara-bongo-baguirmien », du nom des trois sous-ensembles qui le composent. Ainsi, comme le mot « bantou », les mots « sara », « tchadique », « oubanguien » ou « adamawa » ne désigneront jamais une réalité ethnique, mais un ensemble composite de populations dont les langues sont apparentées.

Dans le cas des sara, les langues, pour voisines qu'elles soient, sont aussi éloignées les unes des autres que les lan-

1. Voir en particulier la définition donnée par J. Le Cornec : *Histoire politique du Tchad,* pp. 5 et 6.

Carte 1. Le Tchad

gues romanes entre elles : il n'y a pas inter-compréhension entre un ngambay et un sar qui n'auraient jamais quitté leurs villages respectifs.

Outre cette parenté linguistique, ce qui caractérise ces populations et leur donne une certaine unité sociologique, c'est qu'elles se livrent à la céréaliculture dans une zone de savanes présentant une certaine homogénéité physique. Sans entrer dans une analyse géographique qui dépasse nos compétences et qui ne pourrait que reprendre les études réalisées par J. Cabot et J. Feuillère[2], il convient de noter la grande individualité et l'unité de la région.

Pris entre les contre-forts de l'Adamawa à l'ouest et au sud-ouest, et les grandes plaines inondables du Logone au nord et du Salamat à l'est, le pays sara constitue le sud de la cuvette tchadienne. Il est fait d'un ensemble de collines et de plaines drainées par des fleuves au cours lent. Ceux-ci ont déposé leurs alluvions, donnant des sols argileux, sableux et argilo-sableux dans les vallées, tandis que les collines (« koro »), qui constituent le seul relief de la région, sont essentiellement latéritiques. L'ensemble est de faible altitude, avec une moyenne de 350 m et des « sommets » qui culminent à 500 ou 600 m.

La végétation de savane arborée fait place à de vastes prairies dans les zones marécageuses du Mandoul et aux confluents des affluents du Chari.

Avec 1 100 mm de pluies réparties sur six mois, avec ses riches terres alluviales, la région permit à une civilisation agraire de s'épanouir. Seules, les collines où la carapace latéritique est à fleur de terre et où la nappe phréatique est parfois à 80 m de profondeur, sont moins hospitalières.

Unité du cadre physique, parenté linguistique, économie agricole et techniques culturales identiques font des populations de la région un ensemble qui a, malgré bien des différences notables, une homogénéité certaine. Ces populations sont formées des ethnies suivantes (cf. cartes n°s 2 et 3) : ngambaye, lakka, kaba, murum, groupes de la région de Doba (dits « mbay-Doba »), bédjond, gor, pen, gulay, nar, sar (dits « sara-madjingaye »), mbay (de Moïssala), sara-kabba, ngama et luto.

Mbay, sara-kabba et ngama sont eux-mêmes divisés en

---

2. J. Cabot : *Le bassin du Moyen-Logone,* chap. I, II, III et IV. J. Feuillère : *Etude rurale du bassin du Mandoul,* chap. I.

Carte 2. Les sara de l'Ouest

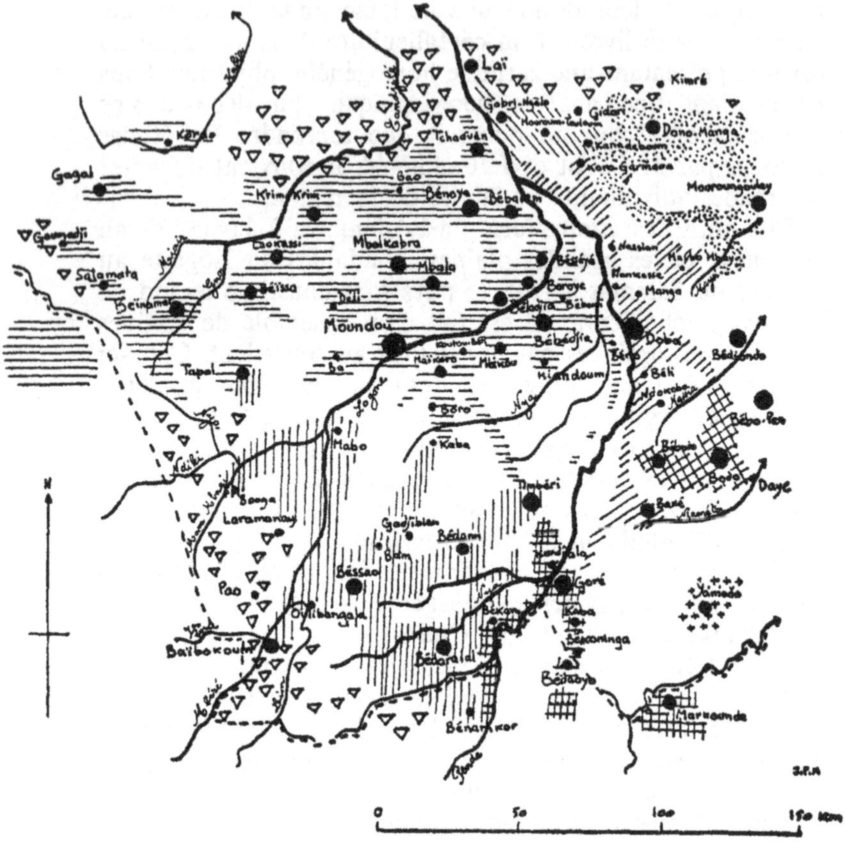

fleuve ou rivière

frontière d'Etat

population non sara

ngambay

lakka

kaba

murum

gulay

gens de Doba (dits "mbay-Doba")

gor

mbay de Moïssala

Les zones du pays sara laissées en blanc sont désertes ou très peu peuplées.

sous-ethnies dont certaines étaient sans doute, à l'origine, des ethnies véritables ayant leur langue et leurs traditions propres (comme c'est le cas des télé, un groupe ngama). Bien que certaines populations sara soient situées en RCA (valé, dagba...), nos études n'ont porté que sur les populations de la République du Tchad.

Par contre, nous avons exclu de nos recherches les populations de la région qui, par leur langue, leurs traditions, leurs modes de vie, ne sont pas sara, bien qu'elles vivent au contact ou au milieu d'eux et soient parfois en voie de « saraïsation » : c'est le cas des day de Bangoul, de Ngalo ou de Bouna, des tunia et des niellim des rives du Chari, et des ndam et des tumak de la région de Goundi (cf. carte n° 4).

HYPOTHESES SUR L'HISTOIRE DES SARA

Bien qu'aucune étude sérieuse de l'histoire ancienne des sara n'ait été entreprise jusqu'à ce jour, on admet que ces populations ne sont pas originaires de leur habitat actuel. De fortes présomptions vont en ce sens. Outre des traditions orales peu sûres, les faits linguistiques observés semblent confirmer que les sara seraient originaires des environs du Ouaddaï.

Les administrateurs coloniaux, les prêtres et les chercheurs qui ont écrit sur ce sujet s'entendent à dire que, anciennes populations de chasseurs, les sara auraient déferlé au XVIe ou au XVIIe siècle (certains parlent même du XVIIIe siècle !) sur les régions qu'elles occupent actuellement, soumettant à leur pouvoir des populations plus anciennes d'agriculteurs dont rien ne nous est parvenu.

Ainsi, le R.P. Fortier, à la suite du R.P. Goetz, a remarqué que les rites de l'initiation « ndo » des sar ne sont pas des rites d'agriculteurs mais des rites issus de civilisations où la chasse joue un rôle important. Là, apparaît une ambiguïté entre « civilisation où la chasse joue un rôle important » et « civilisation de chasseurs-cueilleurs » : nous trouverions des exemples des premières dans les civilisations *agricoles* des cultivateurs par bouturage des savanes oubanguiennes, tandis que les secondes sont représentées en Afrique par les pygmées, les gens de langues khoïsanes et,

Carte 4. Le Sud du Tchad
(principaux cours d'eau et ethnies voisines des sara)

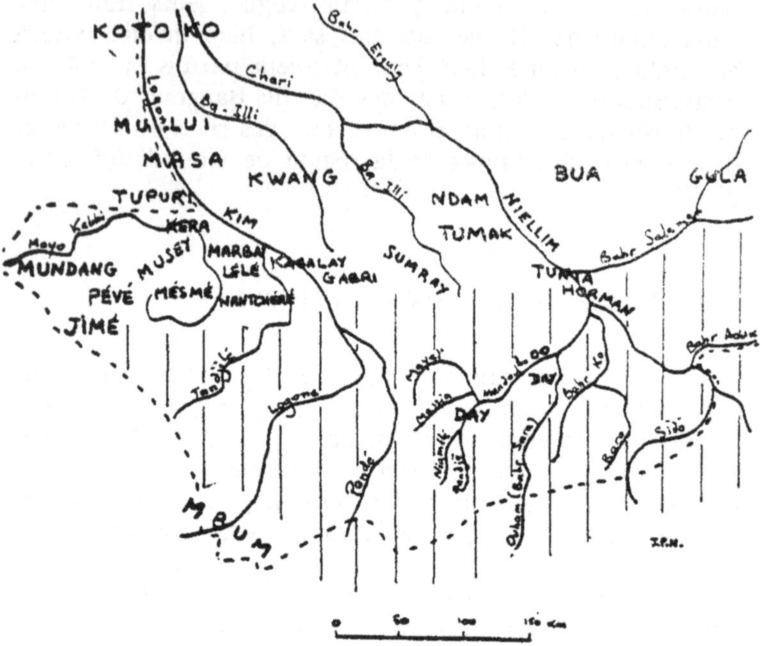

TUMAK — ethnie non sara.

frontière internationale.

Mandoul — fleuve ou rivière.

espace occupé par les populations sara.

dans une moindre mesure, par les ancêtres des actuels dermudi du Sahel tchadien.

Or, au lieu de voir un apport extérieur dans les rites du « ndo » originaires des civilisations où la chasse joue un grand rôle, les Pères Jésuites y ont vu un trait culturel archaïque des sara datant de leur installation dans la région (ce qui est contradictoire avec le fait signalé par le R.P. Fortier que le « ndo » a été acheté par les sar à leurs voisins du sud). Le R.P. Fortier peut donc écrire :

> « Les sara sont... des chasseurs qui se sont assimilés certains rites agraires des populations qu'ils ont soumises. » [3]
> « Leur ancien costume (aux mbay de Moïssala. JPM), la peau de cabri, et leurs institutions, en particulier l'initiation, montrent que l'on a affaire à d'anciens chasseurs. » [4]

Cette thèse n'est pas sans soulever des problèmes.

Pourquoi ces rites de « chasseurs » auraient-ils survécu à plusieurs siècles de traditions agricoles chez les mbay ou les ngama (vers 1750, selon le R.P. Fortier, lorsque s'installe la grande chefferie de Bédaya, la plupart des rites agraires sont déjà en place chez les sar, donc, vraissemblablement, chez les mbay et les ngama aussi) ? Pourquoi, à l'opposé, la division du travail traditionnelle chez les cultivateurs par bouturage a-t-elle survécu à l'introduction des cultures de mil chez les gbaya ou les banda alors que les sara auraient adopté la division du travail des céréaliculteurs ? Enfin, en quoi le port du tablier fessier en peau de chèvre est-il une survivance de civilisations de chasseurs ?

Ces questions ne sont pas les seules.

Aucune société de chasseurs n'a jamais été en mesure de s'imposer à une société agraire, à plus forte raison de la « soumettre » ou de « l'intégrer » comme le dit le R.P. Goetz [5]. C'est le contraire que l'on constate quand on considère les rapports entre pygmées et sédentaires, ou entre les kanembu et les « haddad » chasseurs (lesquels forment un groupement « d'intouchables »). Ajoutons que les populations de chasseurs, structurées en groupes peu

---

3. J. Fortier : *Coutumes religieuses en pays mbay et en pays sara*, p. 2.
4. J. Fortier : *Rites et coutumes d'une tribu sara...*, p. 143.
5. J. Goetz : *Anthropologie sociale et ethnosociologie religieuse*, p. 69.

Carte 3. Les sara du Centre et de l'Est

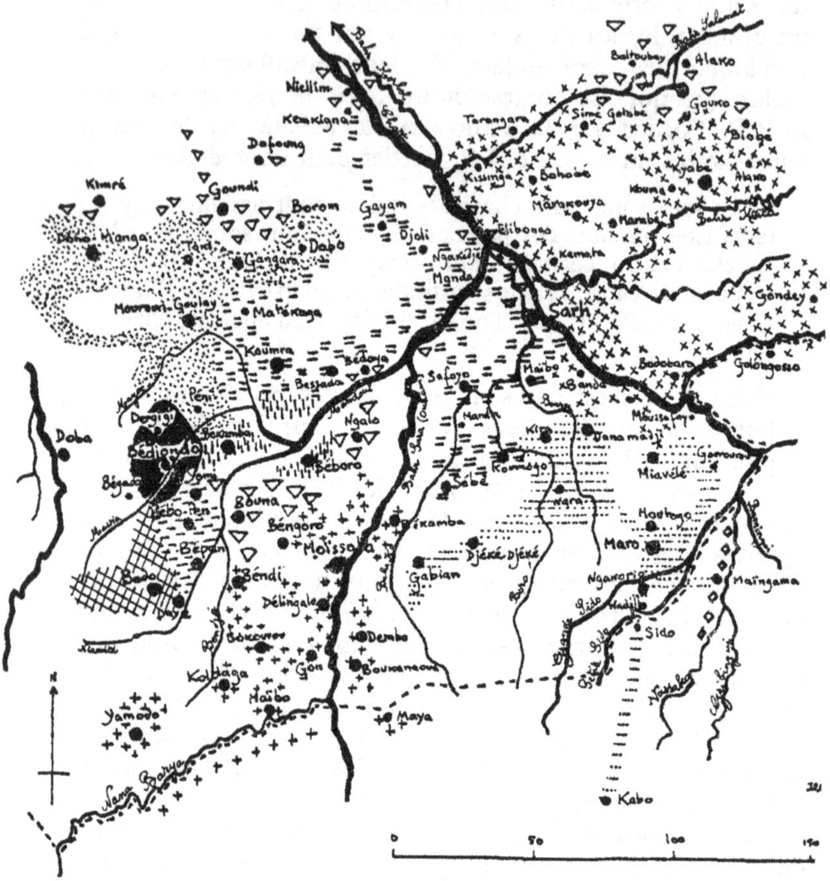

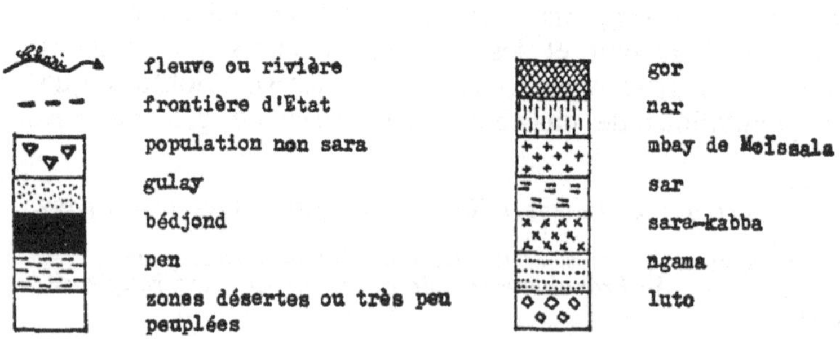

nombreux et assez instables, ne disposent pas de structures militaires et sont donc incapables de vaincre et de dominer une société paysanne où chaque famille est le centre d'un vaste réseau d'alliances.

De plus, le passage d'une économie de chasse et de cueillette à une économie agricole pose le grave problème du changement de régime alimentaire. Un tel bouleversement ne peut s'effectuer qu'au bout de plusieurs générations : que l'on considère les difficultés qu'a, de nos jours, le manioc à remplacer le mil dans les régions où la culture obligatoire du coton ne laisse pas assez de temps au paysan pour s'occuper de ses céréales ! Or, à la fondation de Bédaya, les rites actuels de céréaliculteurs existent déjà.

D'ailleurs, les mythes rapportés par le R.P. Fortier et par J.G. Kogongar montrent que les sara se considèrent comme des agriculteurs depuis les temps les plus anciens. C'est Su, le héros civilisateur, qui, selon certaines traditions, apprit aux hommes l'agriculture. Selon d'autres sources, la terre donna naissance au premier homme et le mit au monde avec dans une main un panier de mil, et dans l'autre un bracelet magique pour faire tomber la pluie. Au contraire de l'initiation « ndo », dont l'introduction est rapportée comme un événement historique, l'agriculture remonte à un passé mythique. S'il y eut compétition entre deux types d'économie, ce ne fut pas entre la chasse et l'agriculture, mais, comme le rapporte un conte luto, entre la houe et la hache, entre la culture des tubercules et celle des céréales, ceci, vraisemblablement, lorsque les céréaliculteurs venus du nord entrèrent en contact avec les oubanguiens. Dans le conte luto, la houe l'emporte sur la hache. Les mythes semblent donc confirmer que, à leur arrivée dans leur région actuelle, les sara étaient déjà des céréaliculteurs.

Or, selon les traditions recueillies par J.G. Kogongar, lorsqu'ils colonisèrent la région entre Laï et Koumra, les sara protégèrent leurs villages par des fortifications. Cette technique de défense est-elle sara ou a-t-elle été copiée sur les populations tchadiques voisines (gabri, kabalaï...) ? Il n'est pas possible de répondre à cette question pour le moment, mais on peut par contre affirmer que de telles techniques de défense sont impossibles chez des chasseurs-cueilleurs car elles impliquent :

— la sédentarisation des populations,

Carte 5. Les civilisations agraires du Sud du Tchad

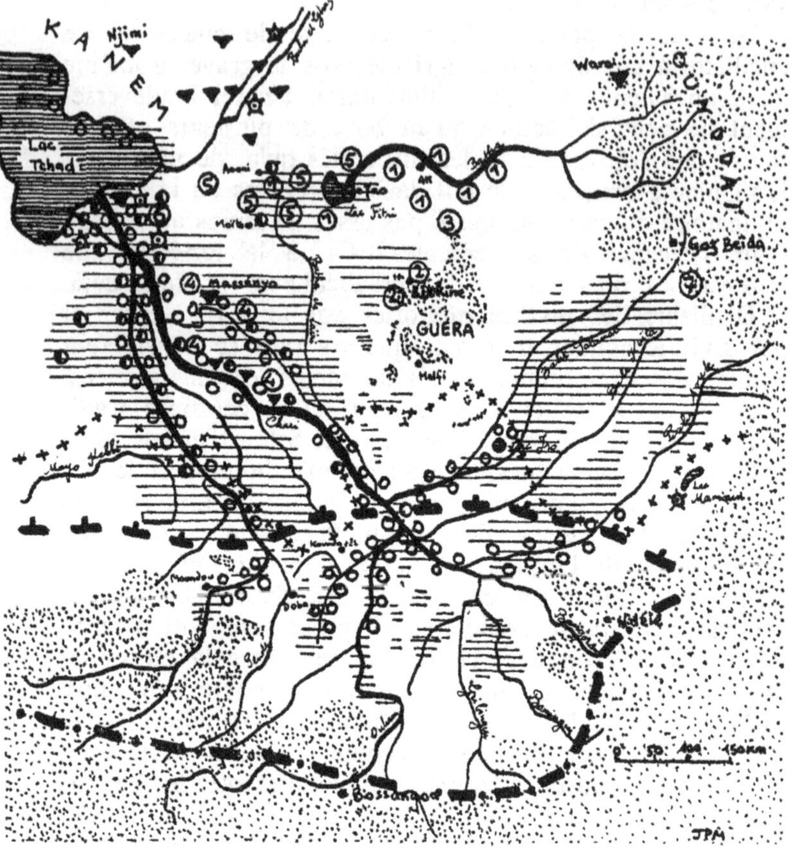

- fleuve ou rivière
- zones inondables
- altitudes supérieures à 500 m
- populations de pêcheurs-agriculteurs
- zone de tumuli antérieurs au XVII° s.
- poteries à décor en lignes ondées
- ruines de briques cuites
- limite Nord actuelle des langues adamawa et oubanguiennes
- limite Sud actuelle des sorghos de décrue
- limite Nord actuelle de répartition sexuelle du travail des planteurs de tubercules

Localisation actuelle des :

1. kuka
2. kenga
3. médogo
4. baguirmiens
5. bilala
6. babalia
7. sinyar

— des structures sociales disposant d'un pouvoir suffisamment centralisé pour organiser les travaux collectifs nécessaires à l'érection des défenses, quelle que soit la nature de celles-ci,

— la disposition de réserves de nourriture suffisantes pour libérer les constructeurs des fortifications de tout travail de production vivrière pendant la durée des travaux.

Ces trois conditions impliquent l'existence, préalable à l'érection de fortifications, d'une civilisation de traditions agricoles déjà bien ancrées en pays sara.

Quand ces colons agricoles arrivèrent-ils sur place ? D'où venaient-ils et pourquoi ?

La conception qui domine les travaux des historiens de l'Afrique jusqu'à ces derniers temps est celle de vastes mouvements migratoires déclenchés par des razzias musulmanes et qui mettent en branle des groupes de plusieurs centaines, voire de plusieurs milliers d'hommes et ce à une époque relativement récente, en général postérieure au XVIIe siècle.

Ces thèses apparaissent de nos jours comme peu réalistes.

La première question qu'elles soulèvent est celle de l'alimentation de ces masses humaines en déplacement : on conçoit mal de vastes colonnes de réfugiés se nourrissant de la chasse sur plusieurs centaines de kilomètres.

Au problème de l'alimentation, s'ajoute celui de la présence, sur la trajectoire des fuyards, de populations déjà installées : on conçoit mal que les réfugiés passent inaperçus des autochtones, d'autant que les premiers, affamés, seront sans doute tentés par la richesse des seconds. Or, les traditions orales de la région, pourtant prolixes dès qu'il s'agit de raconter des histoires militaires, ne mentionnent aucun déplacement de populations de cette envergure.

Enfin, ce que l'on sait des razzias du XIXe siècle prouve que les agriculteurs sédentaires ne quittent pas leurs villages lorsque des voisins ont été pillés. Seuls émigrent les rescapés d'un rezzou, et encore seulement lorsque toutes les réserves ont été détruites. Dans ce cas, les survivants fuient vers des villages alliés ou vers des zones-refuges proches.

Par contre, dans tous les cas connus de migrations de groupes importants à longues distances et à rythme rapide, les populations concernées connaissaient, avant leur mouvement, des structures sociales complexes et un pouvoir politique centralisé. Dans la région tchadienne, c'est le cas des dadjo, des tunjur, et, plus récemment, des rabhistes. Rien ne prouve, pour l'instant, que ce fut le cas des ancêtres des hommes qui constituent les actuels sara.

Abandonnant ces thèses, les historiens de l'Afrique considèrent maintenant que les populations agricoles se déplacent selon des rythmes très lents de colonisation progressive des terres de culture et que les objets, les techniques, et peut-être les langues se répandent plus vite sur de vastes espaces que les hommes qui les pratiquaient à l'origine. En fonction de la qualité et des modes d'exploitation des sols, selon la pression démographique, les agriculteurs s'établissent peu à peu sur des terres vierges. Tandis que progresse le front pionnier, la majorité des villages restent en place tant que la terre peut les nourrir.

A des considérations religieuses qui attachent l'agriculteur au sol, s'ajoutent des impératifs techniques liés à la production agricole, surtout chez les céréaliculteurs. Sauf exception, on ne quitte sa terre qu'après la récolte et en emportant avec soi les réserves de grains nécessaires à la reconstitution de l'exploitation agricole sur les terres vierges. Dans la mesure du possible, une phase de transition est ménagée pendant laquelle des contacts sont maintenus entre l'ancien établissement et le nouveau. Une partie des cultivateurs, les jeunes en général, part avec quelques réserves et des semences et enclenche le cycle agricole : des provisions seront ainsi constituées quand le reste de la communauté viendra rejoindre l'avant-garde.

Ce processus de colonisation continue à exister de nos jours : il nous a été décrit par les paysans de Yomi en 1977.

Le peuplement actuel du pays sara comprend, comme le montrent certaines survivances institutionnelles, un fond non négligeable de populations anciennes autrefois non-saraphones qui fut plus ou moins assimilé par les colons agricoles saraphones. D'où viennent ces derniers ?

Les traditions orales, seule source historique dont on dispose actuellement avant la deuxième moitié du XIXe siècle, ne remontent guère au-delà de la fin du XVIIIe siècle. A les en croire, à cette époque, le peuplement sara est fixé tel qu'on le connaît actuellement. Seuls, sont observables des mouvements de colonisation agraire de faible importance débouchant sur la fondation des villages actuels, mouvements qui se poursuivent jusqu'à la conquête française.

On sait que les sara sont proches linguistiquement des kuka de la région du Batha, ce qui implique que des ancêtres des locuteurs actuels des langues sara et kuka aient été un jour en connexion. De quand date la séparation et où a-t-elle eu lieu ?

On peut conjecturer qu'elle fut la conséquence d'une modification de l'environnement qui poussa vers le sud humide ceux de ces hommes qui conservèrent l'ancienne technique de la culture exclusivement sous pluie, ceux qui restèrent devant adopter les cultures de décrue dans la vallée du Batha ou au pied des monts du Guéra. La grande sècheresse du XIVe siècle, comparable, dans son ampleur, à celle qui frappe le Tchad après 1972, est le cataclysme le plus récent connu avant le XVIIIe siècle. La séparation des sara et des kuka ne semble donc pouvoir être postérieure au XIVe siècle, mais elle peut être plus ancienne [6].

Dans la mesure où les sara ne pratiquaient que les cultures sous pluie et ignoraient jusqu'à une date très récente toute forme de culture de décrue sur argile lourde, il est vraisemblable que leur colonisation agraire s'est effectuée en évitant les zones inondables de la région (interfluve Chari-Logone, plaine du Salamat) à partir d'un territoire voisin de celui habité de nos jours par les kuka.

D'autre part, on constate que les groupes sara actuels parlent des langues suffisamment différenciées pour qu'elles soient distinctes depuis un temps relativement long. Deux grands ensembles apparaissent ainsi : celui des langues proches du ngambay et celui de la région Chari-Mandoul. On peut donc supposer que les gens qui imposèrent leurs langues dans la région sara se sont mis en place séparément, les « ngambay » constituant une première « vague » de peuplement, les autres groupes arrivant par « vaguelettes » successives.

Les populations sara-kabba de l'est du Chari posent un problème. Les groupes qui les composent, tié, na, démé, jinjé, so, et banga, parlent tous des langues de la famille sara. Mais, si certains rites et coutumes les rapprochent de leurs voisins sar, ngama ou télé, des indices font douter

6. Selon le R.P. Fortier, les linguistes du Centre d'Etudes Linguistiques du Collège Charles Lwanga de Sarh, qui ont appliqué aux langues sar et kenga la méthode de la glottochronologie, estiment que la séparation entre ces deux langues remonterait à cinq cents ans environ (communication personnelle).

de l'ancienneté de leur parenté avec eux. Les scarifications punctiformes des hommes et les fameux labrets géants des femmes de certains de ces groupes nous rappellent plus les populations du Logone et des Monts Mandara que leurs voisins d'outre-Chari. Il est donc vraisemblable que les sara-kabba sont, dans leur majorité, non des sara mais des populations plus anciennes qui ont été assimilées sur le plan linguistique, d'autant que, selon certaines traditions, ils possédaient encore, au XIXe siècle, de nombreux bœufs, ce qui n'a jamais été le cas des sara.

Telles sont les hypothèses qui peuvent être émises dans l'état actuel des connaissances, rien de définitif ne pouvant être avancé tant que des recherches approfondies n'auront pas été effectuées par les archéologues et les linguistes.

LES SOCIETES SARA ET LA TERRE

Au contraire des civilisations que Jacques Maquet appelle « civilisations des clairières », où l'agriculture sur brûlis oblige à un certain nomadisme agraire, les « civilisations des greniers » ont un habitat plus stable.

Vivant dans un milieu physique marqué par une forte saison sèche, le cultivateur sara doit s'organiser pour survivre d'une récolte à l'autre. L'obligation dans laquelle se trouvent les céréaliculteurs d'accumuler des réserves pérennes implique que se structure un pouvoir chargé de gérer les greniers. Les hommes qui vivent d'un même stock de céréales sont liés entre eux d'une année sur l'autre et toute scission au sein du groupe pose tant de problèmes de reconstitutions des réserves pour les partants qu'elle ne se produit qu'exceptionnellement sans que soit prévue une période de transition telle que nous l'avons décrite à propos des migrations.

Au centre de la vie sara, il y a donc le grenier. Il doit être suffisamment rempli pour pourvoir aux besoins non seulement de l'année qui suit la récolte, mais encore pour les mois suivants car la pluie est capricieuse et les animaux sauvages risquent de ravager les champs. Le groupement économique de base des sociétés sara doit donc être capable d'assurer son autosuffisance, tant pour sa consommation que pour ses échanges. Il ne peut être ni trop restreint (sinon il serait trop exposé aux aléas climatiques et aux déprédations des animaux), ni trop nombreux (sinon, il risquerait d'épuiser trop rapidement la zone qu'il exploite).

Ainsi, les conditions de production imposées par le milieu physique et par le niveau technologique constituent le lignage comme élément fondamental des sociétés sara.

On entend par lignage une communauté de consanguins (ou se prétendant tels) composée en moyenne de quatre générations d'individus vivants, issus d'un ancêtre commun (souvent défunt), et des femmes qui leur sont alliées : ce groupe rassemble dix à vingt actifs[7] pour une population de vingt à quarante personnes (ces chiffres étant, bien entendu, très approximatifs). Ces nombres sont plus importants que ceux des unités économiques minimales que l'on peut observer actuellement en pays masa ou tupuri[8] : une plus grande fertilité des sols et une nature moins capricieuse, le tout lié à l'association de l'élevage bovin à l'agriculture permettent à la communauté économique de base de vivre en comptant moins d'actif. Les chiffres seraient encore plus bas (deux à trois actifs pour sept personnes environ) chez les arabes « choa », mais, au mode d'adaptation de ces populations à leur milieu, il faut adjoindre l'héritage de structures nomades anciennes pour comprendre ce phénomène[9].

Le lignage gérontocratique ne vit pas en autarcie. Si les échanges commerciaux sont, jusqu'à une époque récente, sûrement très limités, ils n'en existent pas moins et portent surtout sur les objets de fer, de poterie, le sel, les matières grasses, et, éventuellement, les bijoux, le poisson et la viande.

Mais, en plus de ce genre d'échanges, existent des relations de dons réciproques qui scellent les alliances entre les lignages, en vue de leur défense ou de leur reproduction. Si ces dons sont parfois symboliques, il n'en sont pas moins le fondement de communautés plus vastes que le lignage, de communautés inter-lignagères, puis supra-lignagères.

L'échange de femmes unit les lignages entre eux sans

---

7. Les individus ayant, approximativement, entre 15 et 60 ans.

8. Françoise Dumas-Champion parle, chez les masa d'antan, de groupements pouvant rassembler plus de quatre-vingts personnes mais elle insiste aussi sur l'individualisme de ces cultivateurs (communication personnelle).

9. J.P. Magnant : *Les arabes et la terre au Sud du Lac Tchad.*

déboucher sur l'apparition de structures politiques communes aux familles alliées.

Outre la reproduction, le mariage permet aussi l'extension des systèmes d'alliance à des communautés « étrangères ». En cas de catastrophe, les liens ainsi créés permettent de garantir au lignage qu'il trouvera, chez ses alliés, les denrées qui lui font défaut. L'alliance, en même temps qu'elle multiplie le nombre des hommes en âge de porter les armes, renforce les chances de survie en accroissant le nombre des greniers, une disette frappant rarement tous les lignages avec la même intensité, surtout lorsqu'elle a une cause accidentelle (foudre, déprédations d'animaux...).

A ces causes de rassemblement des lignages en groupements plus vastes, s'ajoutent des raisons religieuses. La croyance dans des forces de la Nature qu'il faut se concilier, ainsi que dans des fétiches mis à la disposition de thaumaturges, pousse, elle aussi, à dépasser une simple union interlignagère pour constituer une communauté territoriale.

Dès lors, quelles sont les relations entre la *société* plurilignagère et la terre ?

Il conviendra, pour répondre à cette question, de considérer que, dans la pensée sara, la terre est à la fois un élément de la Nature qui abrite des forces qui la rendent fertile, et, d'autre part, un bien non rare, moyen essentiel de la production vivrière.

Or, cette terre est peuplée de sociétés composites formées de lignages qui se scindent ou s'allient dans un mouvement constant de colonisation agricole.

Les forces chtoniennes sont les véritables maîtres de la terre. Elles disposent du pouvoir sur le sol, le sous-sol et tout ce qui en naît sur un espace donné. Ainsi, une « terre », c'est, pour les sara, non seulement de l'humus et des roches qui fournissent les plantes, la glaise pour la poterie et le minerai pour la forge, mais c'est aussi un espace, parfois divisé en sous-espaces, dont l'unité repose sur son appropriation par une ou plusieurs forces occultes qui lui donnent sa fertilité.

On ne peut comprendre l'attitude des sociétés sara vis-à-vis de la terre, donc les règles d'accès au sol et de répartition de l'espace, si l'on n'a pas constamment à l'esprit cette conception du Monde : les hommes qui exploitent une zone sont les hôtes des génies du lieu. Toutes les normes qui régissent les rapports entre la société et son espace ont donc un fondement religieux.

De là découle l'importance du rôle joué par le prêtre de l'alliance avec les génies du sol, celui qu'on appelle souvent « le chef de terre ».

Faut-il en déduire que le droit se dissout dans la religion pour tout ce qui est des questions agraires ?

On ne cachera pas que la distinction entre domaines du droit et de la religion, chez les sara, n'est pas facile à opérer et que, comme dans toute société profondément religieuse, elle est souvent artificielle. Ainsi, s'il est parfois aisé d'écarter de l'étude juridique des sociétés sara certains rites effectués par le « chef de terre », ce n'est pas toujours le cas : afin qu'ils fassent bénéficier les hommes de leurs bienfaits, on doit se concilier les génies maîtres de la terre. L'accès au sol, tant de la société globale que des lignages ou des individus, est commandé par un contrat conclu avec les vrais propriétaires du lieu : les dieux.

Ce contrat régit deux types de relations entre l'homme et la terre : d'une part, il s'agit des droits de la société sur son territoire, et, d'autre part, des règles d'accès des membres du groupe au terroir.

Dans la première conception du terme, le droit de la terre est donc l'ensemble des règles qui, de par la volonté des puissances chtoniennes, attribuent à une collectivité humaine la maîtrise du sol face aux groupes qui lui sont étrangers. Cette maîtrise du sol débouche sur une certaine organisation territoriale. L'ensemble de ces normes est extrêmement marqué par la religion et, en fonction des croyances locales, ces règles varient d'une région à l'autre.

Par contre, dans la deuxième acception du terme, le droit de la terre est l'ensemble des normes qui permettent l'accès au sol, considéré comme moyen de production, pour les membres de la société. Si chacun des actes accomplis selon ces règles est souvent précédé de rites religieux, et si ces règles trouvent leurs sources dans la conception sara de l'ordre cosmique, elles peuvent être considérées cependant comme des normes juridiques.

Autant le terme « droit de la terre » entendu comme « droit de l'organisation de l'espace territorial » désigne des attitudes sociales différentes sur l'ensemble du pays sara, autant, si on le prend au sens de « droit de l'accès au terroir », il se caractérise par des règles identiques d'un bout à l'autre de la région considérée.

La logique voudrait que, partant de l'analyse du tout, on se penche ensuite sur celle de ses composantes et que l'on étudie d'abord l'organisation de l'espace et des territoires avant celle des terroirs. Pourtant, la façon dont se sont constituées les sociétés sara nous oblige à faire l'inverse. A l'origine de chaque village, et les traditions orales concordent sur ce point, il y a un ou plusieurs lignages qui cherchent une terre à cultiver et qui, l'ayant trouvée, s'organisent pour l'exploiter. C'est en tentant de répondre aux problèmes nés de la mise en valeur du terroir que les groupes locaux furent amenés à élaborer des systèmes politiques complexes souvent très différents les uns des autres : de l'unité d'attitude face à l'exploitation du sol, naquit une diversité d'institutions politico-administratives.

Jusqu'à ce que s'impose la domination française, le pouvoir resta entre les mains des lignages. Qu'ils se soient constitués en unions inter-lignagères « confédérales » ou supra-lignagères « fédérales », ils n'en abandonnèrent pas leur pouvoir pour autant et, à travers les conseils d'anciens, ils continuèrent à diriger la société et à s'imposer aux individus qui les constituaient.

Les organes dirigeants du groupe social étaient donc composés sur des bases essentiellement fédératives : chaque lignage était un élément fondamental de la société et était jaloux de la parcelle du pouvoir global qui lui revenait. Plus que d'un rôle de commandement, les institutions sociales étaient dotées de fonctions de coordination. Les structures lignagères furent, dans ces conditions, l'un des principaux obstacles à la centralisation du pouvoir en même temps qu'elles s'imposèrent à leurs membres comme un carcan. Si l'on ne peut nier l'existence du phénomène individuel, il est difficile de ne pas constater que, tant qu'il n'est pas chef de famille, l'individu ne dispose d'aucun pouvoir et n'a aucune possibilité d'en acquérir pour s'émanciper du lignage : tant qu'il n'impose pas sa domination au lignage, l'individu le subit.

Il nous faudra donc, dans un premier temps, préciser cette notion de lignage et décrire les institutions familiales avant d'étudier comment ces groupes se fédèrent en communautés territoriales. Alors, il sera possible de cerner les relations entre d'une part la société, ses composantes et les étrangers, et, d'autre part, la terre.

Cette étude de l'organisation territoriale pourra servir de cadre à la description des modes d'accès des individus au terroir et des systèmes de répartition des parcelles.

Cette esquisse des phénomènes généraux présidant à la structuration des sociétés sara et de l'organisation territoriale devra être particularisée en fonction des transformations ou des évolutions institutionnelles locales. On distinguera alors, d'une part, les sociétés à structures villageoises en montrant les différences qui opposent les systèmes politiques du centre et ceux de l'est à ceux de l'ouest, et, d'autre part, les sociétés qui, tentant de concentrer le pouvoir entre les mains d'un homme, prêtre ou chef de guerre, instaurèrent des institutions supra-villageoises.

La conquête française eut des conséquences considérables sur les civilisations sara.

La domination française, c'est d'abord celle d'un Etat moderne, avec son administration, ses forces de l'ordre, ses impositions et ses corvées, ainsi que les structures indigènes qu'il met en place pour son service. Ces bouleversements ne détruisirent pas les systèmes socio-politiques traditionnels du pays sara comme ils affectèrent ceux des pays oubanguiens. Pourtant, chefferies, villages et lignages furent durement touchés, tandis que l'individualisme moderne voyait se dégager les possibilités de son épanouissement, que cela ait été voulu ou non par l'Etat.

Qu'il ait été français ou tchadien, l'Etat moderne tenta de tirer profit de la richesse agricole du pays sara. C'est ce qui fut à l'origine de l'introduction de la culture obligatoire du coton.

Dans un premier temps, ce fut cette culture qui porta les coups les plus sévères aux institutions anciennes en obligeant l'Etat à mettre en place des formes modernes plus adaptées de contrôle de l'espace et d'utilisation de la terre. Les bouleversements ne furent pas seulement sociaux : ils touchèrent aussi les systèmes fonciers.

Puis, à partir des années soixante, sans rapport avec l'accession du Tchad à l'indépendance, une révolution éclata : avec l'introduction de nouvelles techniques dans des sociétés en crise, l'entreprise agricole individuelle put voir le jour, en même temps que se développèrent de nouvelles formes de coopérations entre les agriculteurs.

1

Bases de l'organisation agraire des sara

Le souci d'assurer la production des biens nécessaires à la vie du groupe et les moyens pour lui de se reproduire conditionne pour beaucoup les formes prises par les institutions dont les hommes se dotent. Ainsi, dans des sociétés aux traditions agraires anciennes comme les sociétés sara, l'accès à la terre est l'une des questions centrales auxquelles doivent répondre les institutions humaines.

Pas plus qu'ailleurs en dehors du roman de Daniel Defoë, l'individu isolé n'existe en pays sara. Comme partout, il est membre de groupes structurés qui s'intègrent les uns aux autres pour constituer des sociétés.

Ces sociétés se sont transformées au cours de l'Histoire et peu de traces subsistent de ces transformations. En partant des sociétés telles qu'elles sont, nous avons tenté de dégager les survivances du passé ancien et de les classer par ordre chronologique de mise en place, puis, grâce aux souvenirs des vieux, de reconstituer des institutions aujourd'hui disparues, afin de donner une idée de ce qu'a pu être la société villageoise sara d'avant la conquête française.

Chapitre 2

LE LIGNAGE

Les formes d'organisation familiale adoptées par les différentes sociétés varient tant par le nombre de ceux qui en composent les éléments que par le nombre de générations qui détermine les ancêtres de référence. S'il est difficile d'affirmer que, de nos jours, à tel type d'économie correspond tel type de famille, tant le nombre des facteurs qui interviennent dans la forme de celle-ci est grand, il semble pourtant que les contraintes économiques aient joué un rôle important dans les formes prises par les structures de coopération et d'entraide, et, parmi elles, les structures familiales.

> « Les hordes de chasseurs fondées sur des rapports d'adhésion en raison de la mobilité des individus qui les constituaient ne comprennent pas des groupes stables axés sur les relations de filiation. C'est seulement dans le cadre d'activités agricoles où leur coopération durable est indispensable pour assurer les cycles productifs et les articuler dans le temps que la parenté devient un trait pertinent. » [1]

L'organisation lignagère dont se dotent certaines sociétés est une structure regroupant des hommes qui entretiennent entre eux des rapports particuliers du fait qu'ils descendent (ou prétendent descendre) d'un ancêtre commun. L'idéologie familiale et les institutions qui en découlent apparaissent alors comme la sacralisation des liens nés des nécessités de la coopération et de la recherche d'épouses. Ce ne sont pas les liens du sang qui déterminent les systèmes d'entraide mais les modes d'exploitation de la terre qui participent à

1. Marc Abélès : *Anthropologie et marxisme*, p. 65.

la constitution des structures de coopération et d'échange de femmes.

Ainsi, les liens d'amitié entre deux paysans les amènent à coopérer au point que leurs enfants en viennent à penser qu'ils descendent d'un même ancêtre, comme le montre E.P. Brown [2]. C'est sur cette base économique que se développe, de façon indépendante, l'idée que les hommes se font des liens de parenté qui les unissent et que l'on considère, en pays sara, que plus l'ancêtre commun est proche, plus grandes sont les obligations réciproques entre les individus. Dès lors, le lignage apparaît comme une institution dont la constitution varie en fonction des problèmes démographiques de chaque groupe particulier. Donc,

> « Nous mettons d'avance notre lecteur en garde contre les traductions faciles du mot " koj " par " famille " ou de " gir ka " par " lignage ". Si nous utilisons ces équivalents français, c'est plus pour essayer de résumer la signification la plus généralement répandue de ces termes que pour tenter de traduire un mot qui n'existe pas dans les langues européennes, les rapports de parenté n'étant pas vécus de la même façon par les Français et les ngama. » [3]

Ce qui est valable pour les ngama l'est pour tous les sara. Ainsi, le terme « gir ka » aura un sens différent selon que le ngama veut se situer par rapport à l'arabe, au sar, au ngama d'une région voisine ou à quelqu'un de son village. Dans le premier cas, « gir ka » pourra se traduire par « race », dans le second par « ethnie », dans le troisième par « tribu », par « clan » ou par « lignage » dans le dernier. En effet, le mot « ka » signifiant « ancêtre » en général, pour traduire « gir ka », il faudra savoir auquel de ses ascendants l'interlocuteur se réfère.

LE « GIR KA »

Comme toutes les populations du Tchad, les sara ont un système de parenté patrilinéaire : l'individu se situe par rapport au mari de sa mère qui l'a engendré, aux frères,

2. Ellen P. Brown : *Nourrir les gens, nourrir les haines,* pp. 206, 207.
3. Sadinaly Kraton : *La chefferie chez les ngama,* p. 1.

aux enfants et aux ascendants de celui-ci. Si la ligne matrilinéaire n'est pas ignorée des sara, elle n'est utilisée que rarement, souvent à titre subsidiaire, lorsqu'un individu, pour une raison quelconque, se trouve coupé de sa famille paternelle. Les liens entre l'individu et ses parents maternels sont assez forts pour imposer des devoirs d'assistance ou déterminer des interdits de mariage. Quelle que puisse être leur importance, ces liens ne jouent qu'un rôle minime sur le plan agro-foncier et, dans nos analyses, l'ancêtre commun de référence sera toujours à chercher en ligne patrilatérale.

Si l'on trouve, chez les agriculteurs du bas et du moyen Logone, des systèmes familiaux de type clanique ou tribal dans lesquels l'ancêtre commun doit être cherché dans un passé ancien, l'expérience prouve que, en pays sara, les généalogies remontent rarement à huit générations, et encore, seulement dans les familles où cela présente un intérêt particulier, comme c'est le cas des dynasties de prêtres de la terre, de détenteurs d'objets sacrés ou de maîtres de l'initiation. Dans de tels cas, certaines généalogies peuvent compter dix à quinze noms, exceptionnellement dix-huit pour le Mbang de Bédaya selon la tradition du Ngakow Orentangar[4]. Selon les sources, les noms, l'ordre, les liens de parenté varient parfois considérablement. Lorsque, quittant les dynasties nobles, l'enquêteur s'intéresse aux généalogies paysannes, les souvenirs remontent rarement au-delà de quatre générations avant le vieillard interrogé.

Quel que récent que soit l'ancêtre commun du lignage, quelle que floue que soit la généalogie déclinée, ces points de repère suffisent au sara pour se situer dans la société et pour déterminer les structures familiales autour desquelles va s'organiser la vie sociale.

« Gir ka » est le terme utilisé par les sara de l'Est (sar, ngama, mbay...). A l'Ouest, chez les ngambay, les lakka, les kaba... on dit « gel ka », tandis qu'au centre, on dit « gin ka » (gor...). Ce terme peut se traduire par « la souche de mon ancêtre ». Signifiant « les descendants de l'ancêtre de référence », il correspond à ce que l'Ethnologie appelle « lignage ».

4. J. Fortier : *Bédaya et ses rois,* Tome II, pp. 21 et 22.

Les liens entre les membres de ce groupement sont très étroits et chaque individu est tenu d'assister son « frère » en difficulté quelles que soient les circonstances. S'il arrive qu'un lignage doivent se scinder et une partie de ses membres émigrer, les liens resteront solides entre gens des deux groupes tant que les vieux conserveront le souvenir d'une ascendance commune.

Le « gir ka » peut être concentré en un même lieu ou dispersé entre plusieurs sites différents. Regroupé ou non, le « gir ka » est toujours subdivisé en groupes plus restreints. L'ancêtre commun a eu plusieurs fils. Chacun sera à l'origine d'une descendance qui constituera l'un des fragments du lignage. Comme partout, au fur et à mesure que disparaîtra le souvenir de l'ancêtre commun et, par conséquent, de la communauté de sang entre ces lignées, elles tendront à devenir des « gir ka » indépendants si la pression démographique pousse les hommes à se séparer. Bien que jouissant d'une certaine autonomie puisqu'elles constituent des unités d'habitat et de cultures séparées, elles restent très soudées au sein du lignage en cas de crise démographique. Si le nom de ces subdivisions varie selon les langues sara (« gel bao » en ngambay, « noj » en ngama ou en mbay...), leur contenu est identique.

Le « gir ka » constituant un ensemble d'individus trop vaste pour résider en un même point du territoire villageois, c'est ce fragment de lignage qui tend à devenir l'unité d'habitat et l'élément essentiel de l'organisation communautaire sara. Le lignage sera alors le cadre dans lequel se dérouleront les activités cultuelles comme l'initiation ou le culte des ancêtres, tandis qu'il reviendra au conseil des vieux du « noj » ou du « gel bao » de prendre certaines décisions d'ordre économique (déplacement vers d'autres terres, organisation des travaux agricoles, de la chasse, de la pêche...), politique (alliance matrimoniale, accueil d'étrangers...), voire judiciaires (conciliation avec des voisins...).

Chaque « gel bao » ou « noj » est composé des familles nucléaires polygames des fils adultes d'un grand-père encore vivant ou décédé depuis peu. Bien qu'ayant un habitat particulier, ces petites unités n'ont guère d'importance que dans la mesure où, plus tard, elles pourront devenir des fragments de lignages, puis des lignages indépendants. Sur le plan politique ou économique, leur rôle est, à l'origine, très effacé. A plus forte raison, les subdivisions internes à ces familles nucléaires entre les enfants nés de la première femme et les autres.

LES GROUPEMENTS DE « GIR KA » DE TYPE TRIBAL

Il est difficile de passer sous silence les vastes ensembles de lignages qui divisent certaines ethnies sara. Si l'on en croit les vieux, tous les ngama descendent d'un même « gir ka » initial, de même que tous les sar, tous les mbay, etc. Ainsi, chaque ethnie est de nos jours comprise comme l'ensemble des descendants d'un ancêtre commun, bien que personne ne soit en mesure de dire qui fut cet homme.

Au sein de chaque ethnie, les groupes « tribaux » qui la constituent seraient le résultat du fractionnement du lignage originel.

Cette interprétation, qui est celle de la tradition orale et semble l'embryon d'une prise de conscience ethnique, ne correspond sûrement pas à la réalité historique. Le pays sara fut peuplé par l'arrivée de vagues d'immigrants qui se métissèrent avec ou assimilèrent les populations plus anciennes. D'ailleurs, au sein de ce qui est considéré comme une même ethnie, les différences linguistiques sont parfois telles que l'on peut considérer les différents groupes comme étant d'origines différentes : c'est le cas des télé au sein des ngama [5].

La place de ces groupements de lignages dans l'Histoire des institutions sara est difficile à cerner : plus que des unités politiques, ces groupes apparaissent comme des unités culturelles. Ils se distinguent les uns des autres par des traits de langue particuliers à une aire géographique donnée, par des pratiques cultuelles qui leur sont spécifiques. Mais, les brassages de populations qui ont affecté cette région, l'émergeance de grandes « chefferies », les contacts culturels résultant du commerce ou des invasions ont considérablement obscurci les données du problème et l'évolution contemporaine fera disparaître dans quelques années les derniers vestiges (en particulier sur le plan linguistique) d'une Histoire très complexe.

Bien que le pouvoir des grands prêtres ou des maîtres de

5. Baniara Yoyana : communication personnelle.

l'initiation dépasse les frontières « tribales », bien que les particularismes linguistiques s'effacent, il est possible encore de localiser sur une carte les « tribus » qui constituent certaines des ethnies sara (ngama, mbay, sara-kabba...). Si ces groupements sont des ensembles culturels, ils ne semblent pas avoir constitué des unités politiques ou économiques. Il apparaît donc difficile de parler d'un territoire tribal, d'un domaine dont l'accès est difficile aux étrangers à la « tribu », contrairement à ce qui est possible pour le village ou le lignage.

Pourtant, présentant l'organisation des populations situées entre Koumra et Kyabé, R. Jaulin[6] considère les différents groupements locaux qu'il décrit comme des ensembles claniques ou tribaux. L'auteur, en général, appelle « tribu » les grandes ethnies (sar, nar, démé...) et « clan » les différentes fractions de « tribu » qui constituent des ensembles territoriaux. Ainsi, selon lui, le Ngorge (grand prêtre) de Ngakédjé est un « chef de clan » (p. 57) qui dirige la « terre du clan Houri » (p. 61). Les « clans » de Hori (nous suivons l'orthographe du R.P. Fortier), de Bédaya, etc. constituent la « tribu » des « sara-madjingaye », comme les siné, les mara sont des « clans » de la « tribu » démé (p. 59 et note p. 71). A la tête de la « tribu » sara, se trouve le chef de Bédaya (p. 59), et R. Jaulin explique la prééminence de celui-ci sur les autres autorités sara de la façon suivante :

> « Au cœur de la tribu sara, se trouve un clan " femelle ", celui de Bédaya et des villages avoisinants. Son chef, le Mbang, est en même temps chef de toute la tribu. Il ne célèbre pas le " Nan " sara, fête des récoltes, fête mâle réservée aux clans qui entourent celui de Bédaya, mais le " Nan benin ", fête des semailles. »

Plus loin, p. 81, R. Jaulin explique qu'il y a, au sein de la « tribu » sara,

> « ... un clan femelle (la souche) chargé, avec ses fétiches, d'assurer la fécondité du sol et la levée des épis d'une part, et des clans mâles, ses époux et ses enfants, répartis autour d' " elle " (le clan femelle) et ne célébrant que les récoltes, d'autre part. »

6. R. Jaulin : *La mort sara.*

On verra par la suite que le processus qui amena les grands prêtres à assurer les rites de fécondité n'a rien à voir avec la division de la société en « clans mâles et femelles ». La thèse de R. Jaulin est d'autant plus erronée que le Mbang de Bédaya et les siens se sont installés bien après les autres « clans ». Le schéma de R. Jaulin pourrait fonctionner si, dès l'origine, cette répartition rituelle des tâches avait existé ; or, les travaux du R.P. Fortier prouvent le contraire.

S'ils ne sont ni « mâles » ni « femelles », ces groupes peuvent être néanmoins des clans ou des descendants de structures claniques. L'hypothèse est tentante. Comme dans les sociétés hadjéraï, les groupes migrants qui sont à l'origine des sociétés sara seraient arrivés les uns après les autres, groupés autour de leurs anciens et de leurs fétiches. En fonction de la puissance de ces objets, les clans auraient rassemblé en leur sein ou dans leur mouvance des groupes dont les fétiches étaient moins forts.

Pourtant, si séduisante soit-elle, cette théorie pose des problèmes qu'elle ne peut pas résoudre.

Tous les systèmes claniques que nous avons pu observer au Tchad ou au Nord du Cameroun ont en commun d'être fondés sur le principe de l'exogamie. Si l'on compare les groupements sar de Hori ou de Gidemani avec les clans de Mukulu [7] ou les clans léo [8], on constate que, au contraire de ce qui se passe au Guéra ou sur les rives du Logone, les mariages, non seulement sont possibles mais même qu'ils sont de règle au sein des premiers. Les interdits de mariage ou les mariages préférentiels qui marquent les coutumes jongor ou léo n'existent pas dans les exemples cités par R. Jaulin. Hori et Gidemani ne sont pas des « gir ka » (lignage, clan) mais des « bé » (village, territoire) : d'ailleurs, le « i » final, marque du locatif, montre que l'on est « à » Hor, « en » pays d' « outre-fleuve » (gide mani). Les « clans » sar décrits par R. Jaulin ne sont donc pas des communautés fondées sur des liens de consanguinité mais sur des liens territoriaux.

---

7. Village jongor du Guéra (communications personnelles de Abakar Djourna).

8. Fraction marba, les léo forment une sorte de confédération de clans unis autour d'un seul « chef de terre » commun.

LES ETRANGERS INTEGRES AU LIGNAGE

Outre les personnes qui entrent dans la famille par la naissance, des gens étrangers au groupe familial peuvent y être intégrés par adoption, par appropriation ou par mariage.

L'adoption d'un enfant du lignage par son oncle est chose courante en cas de décès des parents[9]. Elle est très différente de la procédure qui concerne l'intégration d'un adulte. Ce cas n'est pas rare[10] car, pour être accepté rapidement et définitivement par le village, l'étranger cherche à être admis au sein de l'un des « gir ka » locaux. Tant que cette adoption n'a pas eu lieu, le nouveau venu reste en marge du système communautaire, ce qui l'empêche d'obtenir tout droit définitif à une terre de culture. S'il était prouvé que le nouveau venu n'était ni sorcier, ni fauteur de troubles graves dans son village de départ, il était rapidement intégré dans l'un des lignages et, après quelques générations, le souvenir des origines extérieures de ses descendants avait disparu.

Cette forme d'adoption se marquait essentiellement par l'attribution d'un champ au nouveau venu par le conseil de village ou le conseil du lignage qui acceptait de l'accueillir en son sein.

Par ailleurs, une famille pouvait grossir le nombre de ses membres en s'appropriant un individu. Plusieurs cas pouvaient se présenter : capture d'un homme lors d'une embuscade ou d'une razzia, achat d'un captif à des marchands ou prise d'un enfant (parfois d'un adulte) en gage pour une dette de sa famille.

Jusqu'à la seconde moitié du XIXe siècle et à l'extension de la puissance baguirmienne dans la région, il ne semble pas que les sara aient eu une économie basée sur les activités de razzia. Avant l'essor de cette forme d'économie, les guerres villageoises étaient d'envergure plus modeste : si la captivité était parfois la conséquence de la défaite, le but de la guerre n'était pas la prise d'esclaves mais, le plus souvent, la réparation d'une insulte subie par une communauté à travers l'un de ses membres.

9. Ousmane Touadé : « La filiation chez les dokoura », p. 7.
10. Interview de Mbay Kelanga ; communication personnelle de M° Béhidi. Voir aussi : E.P. Brown : « Nourrir les gens, nourrir les haines », pp. 195 et suivantes.

Avec la capture de voyageurs isolés, de gens fuyant un village après une querelle, ces guerres locales satisfaisaient la demande en esclaves « de case ». Le captif était soit approprié par la personne l'ayant capturé, soit vendu dans un village plus ou moins éloigné du sien. Dans les deux cas, l'esclave devenait presque membre de la famille, même s'il n'avait pas tous les droits reconnus à un homme libre : sa situation n'avait rien de comparable avec celle de ses homologues des zones sahéliennes et sahariennes. Certes, il était chargé des travaux les plus durs, mais il mangeait autant que les autres membres de la famille, se mariait et avait des enfants. Ceux-ci appartenaient au lignage du propriétaire, mais leurs descendants étaient affranchis après quelques générations en devenant membres à part entière du groupe. L'origine servile de leur ancêtre était peu à peu oubliée.

Proche de l'asservissement dans ses conséquences, la prise en gage pour dette se pratiquait de la façon suivante : lorsque, par exemple, une famille était frappée par la disette, elle obtenait d'un lignage plus prospère les quantités de grains nécessaires à sa survie en échange de l'un de ses esclaves, d'un bien précieux, ou, à défaut et lorsqu'il n'était pas possible de faire autrement, de l'un de ses enfants. Cette grave décision était prise en conseil de famille et la personne choisie par les vieux devenait l'otage du groupe bailleur de mil jusqu'à ce que la dette ait été acquittée. Parfois, le remboursement ne pouvait avoir lieu et l'otage donné à la famille riche devenait de facto sa propriété, soit que son statut de quasi-esclave se prolongeât indéfiniment, soit qu'il fût vendu à l'extérieur du village.

Comme la plupart des coutumes du Tchad, les droits sara ne reconnaissent pas la femme mariée comme membre de la famille de son époux. Elle reste jusqu'à sa mort une étrangère, même si elle jouit d'un statut particulier par rapport aux autres étrangers. La femme, en effet, garde avec sa famille d'origine des liens de solidarité et d'entraide extrêmement puissants, et, à ce titre, si elle peut être considérée comme le gage remis par les siens en signe d'alliance avec les gens de son mari, elle est souvent crainte comme une espionne en puissance de son groupe d'origine auprès du lignage d'accueil.

Cependant, cette méfiance ne va pas jusqu'à exclure la

femme de la vie familiale ; au contraire, l'époux et le lignage de celui-ci voient aussi en elle celle qui leur donnera une nombreuse descendance. Elle dispose donc de biens personnels et se voit attribuer un champ par son mari sur les terres du foyer. De plus, elle est tenue informée des grandes décisions concernant la vie du ménage et, parfois, elle est associée à la prise de certaines d'entre elles (choix d'une co-épouse).

A son décès, elle ne pourra cependant être ensevelie dans la terre du lignage de son mari que lorsque celui-ci aura acquitté la « dot de la mort » auprès des parents de la défunte [11].

Les enfants que donne une femme appartiennent tous au lignage de son époux légitime, quels que soit les torts du mari au cas où l'union devrait être rompue. Cette règle ne souffre que de rares exceptions sur l'ensemble du Tchad.

L'ORGANISATION TERRITORIALE DE LA FAMILLE

Chez les agriculteurs qui ignorent l'écriture, et ne peuvent donc pas noter leur généalogie, la famille n'existe souvent que dans la mesure où elle correspond à une unité territoriale.

Lorsqu'elle s'installe sur une terre, elle tend à regrouper l'ensemble de son habitat, même si l'espace occupé est vaste et discontinu du fait de l'intercalation des champs entre les cases. Toutes les habitations d'un lignage sont situées autour de la maison du vieillard qui possède l'autel où sont offerts les sacrifices aux ancêtres. C'est cette unité d'habitat qui cimente le groupe familial. Le fait pour un homme d'y résider le voue à être intégré à plus ou moins long terme à la descendance de l'ancêtre du « gir ka » quelle que soit sa généalogie personnelle. Cette communauté d'habitation crée des liens particuliers de solidarité car le groupe ainsi formé constitue une unité de production et de consommation, unité qui est renforcée par le culte aux ancêtres communs. C'est au sein de ce groupe que seront gardés puis initiés les enfants.

Lorsque, pour une raison ou pour une autre, une partie du groupe se sépare, l'unité résidentielle est rompue et

---

11. M. Fournier : *Les sar en présence de Yo,* pp. 35 et 36.

cette rupture du lignage aura, à terme, pour conséquence la disparition des rapports de consanguinité entre les deux fractions issues de la scission.

Au mieux, après quelques générations, les émigrants garderont le souvenir du lieu dont ils sont originaires et de l'ancêtre qui a décidé la migration. Mais, s'ils partent loin, leur village d'origine ne saura ni où ils sont partis, ni ce qu'ils sont devenus. Gardera-t-on même la migration en mémoire ?

LA COOPERATION LIGNAGERE

Le groupe lignager constitue la cellule économique et politique de base. Ainsi, on rappellera les généalogies lors du choix d'une épouse (deux descendants d'un même ancêtre ne peuvent, en principe, pas se marier), lors du choix d'un parrain d'initiation, d'un tuteur en vue de faire de l'adolescent un agriculteur renommé, et, en général, chaque fois que l'on a besoin de l'entraide familiale. Si le lignage unit les descendants d'un ancêtre, cette unité ne se maintiendra que dans la mesure où la participation de tous est nécessaire à assurer la production des biens et la reproduction des hommes. On ne peut donc sous-estimer le rôle économique du lignage.

Dans la société précoloniale, l'individu isolé étant voué à la mort, son existence dépend de son appartenance à un groupe de coopération économique. Plus le groupe est riche et puissant, plus fortes sont les garanties qu'il apporte à chacun de ses membres. Cette richesse et cette puissance sont le produit des efforts de tous les membres du lignage car, sur chacun, pèsent des obligations et des devoirs à l'égard de tous. Ces devoirs d'entraide communautaire se manifestent bien sûr lors des conflits qui opposent le groupe à ses voisins. Ils apparaissent surtout sur le plan économique, lors de la constitution des réserves qui permettront à la communauté de faire face à ses obligations rituelles, d'affronter les périodes de disette ou les catastrophes naturelles, ainsi que d'obtenir des familles voisines les femmes que l'on donnera aux jeunes hommes du groupe.

Au sein du lignage, unité économique de base, tout le pouvoir revient aux plus vieux des grands-pères, en particulier en matière d'organisation du travail et de gestion des réserves. Ils fixent le calendrier agricole, les dates de défrichage, des semailles, des récoltes et de tous les autres gros travaux qui nécessitent des efforts collectifs. Leur grand âge les retire en partie des tâches de la production car, même si leur état physique le leur permet encore, leur statut d'anciens ayant une nombreuse descendance de jeunes gens pleins de force les dispense des travaux des champs. Ils se contentent donc d'organiser et de surveiller le travail de leurs petits enfants et des jeunes gens dont ils ont la tutelle qui cultivent leurs terres à leur place.

De plus, au cas où la main-d'œuvre juvénile ne suffit pas, ou quand, les pluies étant tardives, les travaux sont en retard, les vieux, comme n'importe quel autre agriculteur, recourrent à « l'invitation ».

Par ce procédé, comme son nom l'indique, les cultivateurs qui ont été débordés par leurs tâches invitent leurs parents et les lignages amis à les aider à rattraper leur retard. Ils font alors porter sur leur champ quelques jarres de bière de mil : ceux qui ont répondu à l'invitation s'en délecteront entre deux coups de houe ou de sarcloir, et, à la mi-journée, on leur offrira un repas.

Ces appels à la solidarité communautaire ont lieu surtout au moment des travaux essentiels de défrichage ou de sarclage. Ils étaient l'occasion de rencontres et de réjouissances entre parents, alliés et amis et nul, à l'époque précoloniale, n'envisageait de se soustraire à si agréable corvée.

Faut-il voir dans ces invitations un simple procédé d'acquisition de prestige social ? R. Colin[12] semble aller en ce sens. Outre qu'il sous-estime le caractère lignager de l'institution et qu'il n'y voit que l'acte d'un individu (ce qui est souvent le cas aujourd'hui), il considère que l'essentiel, pour le paysan, n'était pas « d'accumuler plus de biens économiques » mais de développer son « potentiel de capitalisation de prestige social ».

On ne cherchera pas à nier ici l'importance du prestige social dans les civilisations sara. Un homme qui ne tient pas son rang le perd et l'on verra les sommes considérables que devront dépenser le cultivateur ngambay et son lignage quand le premier est élevé à la dignité de « mbay ». Il est donc vrai que certaines invitations particulièrement fastueuses devront être considérées comme faisant partie des élé-

12. R. Colin : Thèse, pp. 161 et suiv.

ments du train de vie de l'agriculteur aisé ou du chef, surtout de nos jours.

Mais R. Colin va plus loin : selon lui, cette institution se limitant à une « séance de consommation ostentatoire », elle aurait « un résultat économique direct... la plupart du temps nul et négatif ». Nous pensons qu'il se trompe sur deux points.

Loin d'être le fait exclusif des agriculteurs les plus riches, la technique de l'invitation est le fait de tous les paysans, du plus riche au plus pauvre. S'il est des invitations où affluent balaphonistes et tambourinaires, où la bière de mil coule à flots et où l'on fait bombance, il en est aussi où l'hôte impécunieux ne peut offrir plus d'un litre de bière de mil par personne et parfois même qu'un maigre repas.

Dans ces conditions, si les premières invitations peuvent avoir un rendement économique douteux, il est sûr que les secondes sont de vraies manifestations d'entraide. Ceci nous éloigne du « potlatch » cher à l'Ethnologie moderne, car, loin d'être une dépense ostentatoire, l'invitation permet, dans la plupart des cas, de rattraper le temps perdu dans les travaux par rapport aux impératifs du calendrier agricole. Ainsi, même quand elle coûte cher, l'invitation n'est pas sans avantages économiques. Bolingar Kimassoum put donc écrire que, de nos jours,

> « ... Grâce au travail collectif, beaucoup de paysans pauvres mangent à leur faim en période difficile ou de soudure.
> Mais, n'invite pas qui veut. Si un paysan quelque peu avare ne donne pas assez de bière ou de boule à ses invités, ces derniers refuseront désormais d'aller travailler chez lui. Il en est de même si un paysan refuse à plusieurs reprises de se rendre à l'invitation des autres. Les vieux ont, en la matière, un pouvoir très important et peuvent faire échouer une invitation d'un paysan qui ne respecte pas les règles d'entraide dont ils sont les garants. » [13]

Cette technique sara n'est d'ailleurs pas sans rappeler « l'invitation » (« azuma ») pratiquée par les musulmans du Tchad. Un homme (ou une femme) a-t-il besoin d'une somme importante ? Il organise la réception la plus fastueuse possible lors de laquelle chaque invité apportera

13. Bolingar Kimassoum : *Béssira,* p. 21.